世界の美しい
ハチドリ

Beautiful Hummingbirds

監修=上田恵介・笠原里恵

002　ホオカザリハチドリ（オス）

ホオカザリハチドリ（オス）

カンムリハチドリ（オス）

ツノホウセキハチドリ（オス）

ルビートパーズハチドリ（オス）

エメラルドテリオハチドリ（オス）　007

コガネオハチドリ（オス）

ヒメハチドリ（オス）

ムラサキフタオハチドリ（オス）

アカフタオハチドリ（オス）

012　アオフタオハチドリ（オス）

アオフタオハチドリ（オス）

フキナガシハチドリ（オス）

フキナガシハチドリ（オス）

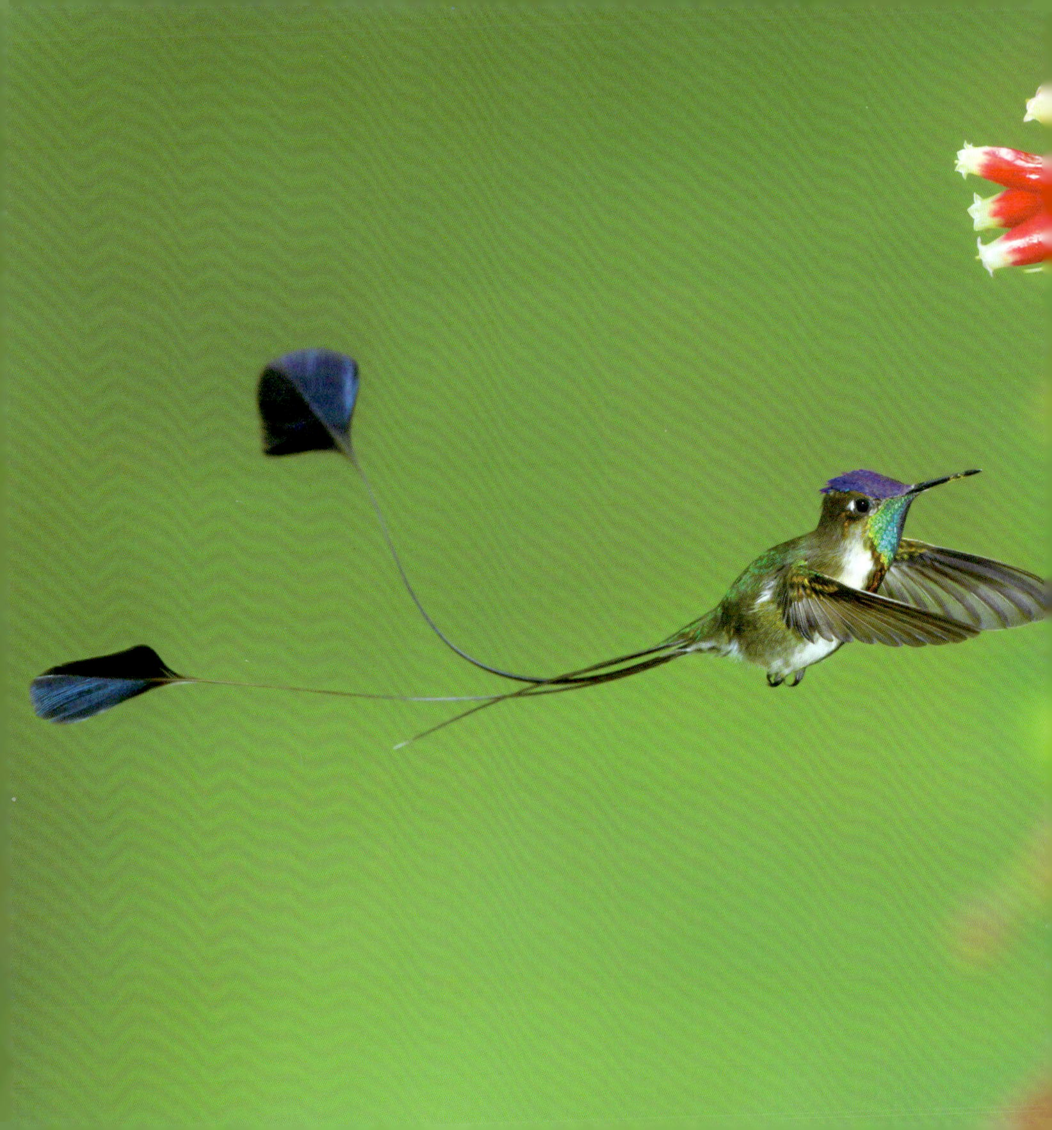

オナガラケットハチドリ（オス）　017

オナガラケットハチドリ（オス）

ラケットハチドリ（オス）

ラケットハチドリ（オス）

ラケットハチドリ(オス) 021

チャカザリハチドリ（オス）

チャカザリハチドリ（オス）

チャカザリハチドリ（オス ※若鳥）

トゲハシハチドリ（オス）　025

カンムリトゲオハチドリ（オス）

カンムリトゲオハチドリ（メス）　027

カンムリトゲオハチドリ（オス）

シロハラチビハチドリ（メス）

シロハラチビハチドリ（オス）

シロハラチビハチドリ（左：メス　右：オス）

032　コスタハチドリ（左：オス　右：メス）

コスタハチドリ（オス）

クロツノユウジョウハチドリ(オス)

アカカンムリハチドリ（オス）

036　ミドリフタオハチドリ（オス）

コミドリフタオハチドリ（メス）

アオミミハチドリ

アオミミハチドリ

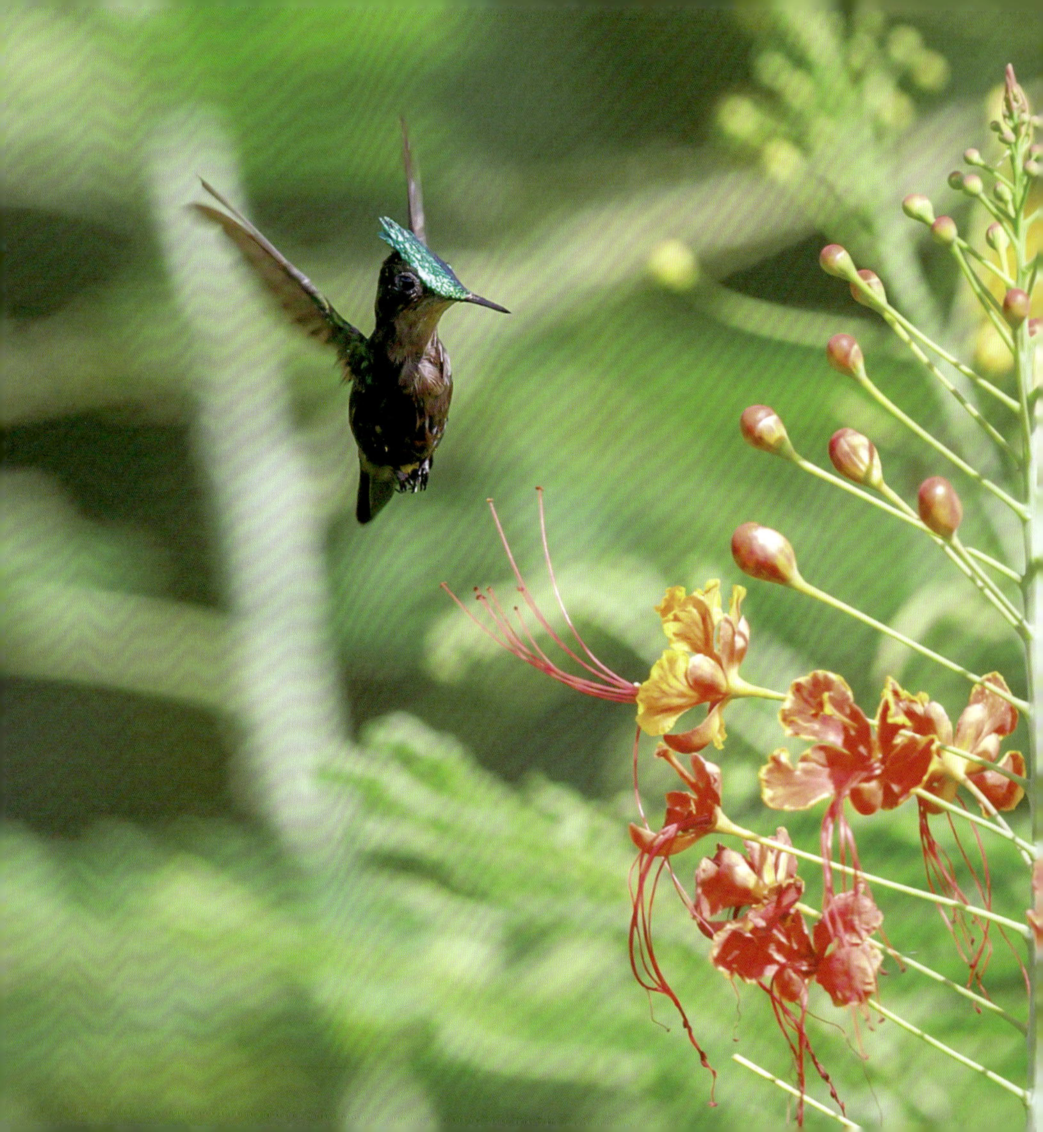

アンチルカンムリハチドリ（オス）　041

アンチルカンムリハチドリ（オス）

アンチルカンムリハチドリ（オス） 043

ヤリハシハチドリ（オス）

ノドグロハチドリ（オス）　045

ノドグロハチドリ（メス）

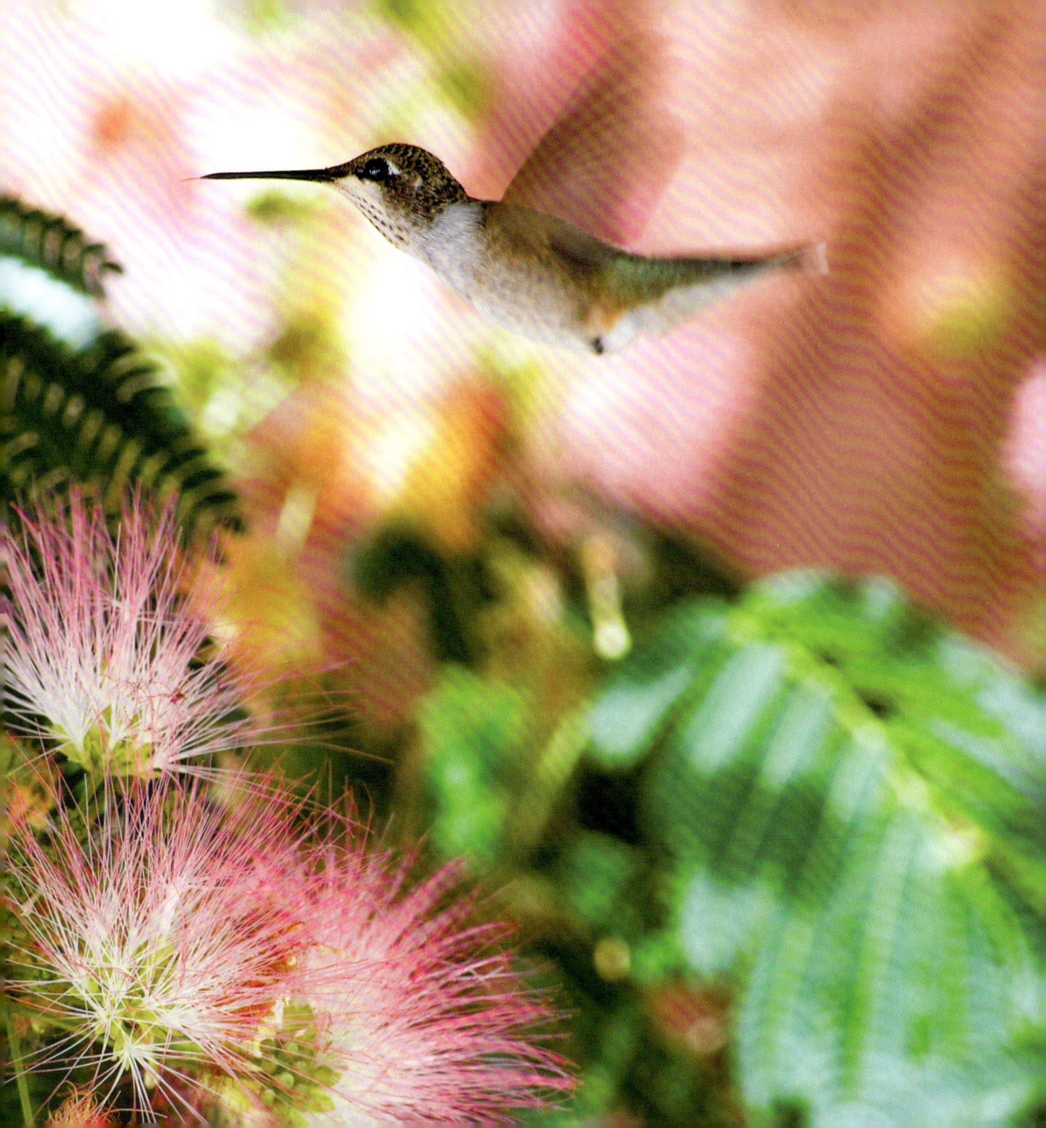

モンツキインカハチドリ（オス）

シロフサニジハチドリ（オス）

ムナオビハチドリ（オス）

スミレハラハチドリ（オス）

スミレセンニョハチドリ（オス）

スミレセンニョハチドリ（オス）

アオムネマンゴーハチドリ（オス）

アオムネマンゴーハチドリ（メス）

ウスミドリマンゴーハチドリ（オス ※若鳥）

ジャマイカマンゴーハチドリ

ミドリハチドリ

キューバヒメエメラルドハチドリ（オス）

ミドリトゲオハチドリ（オス）

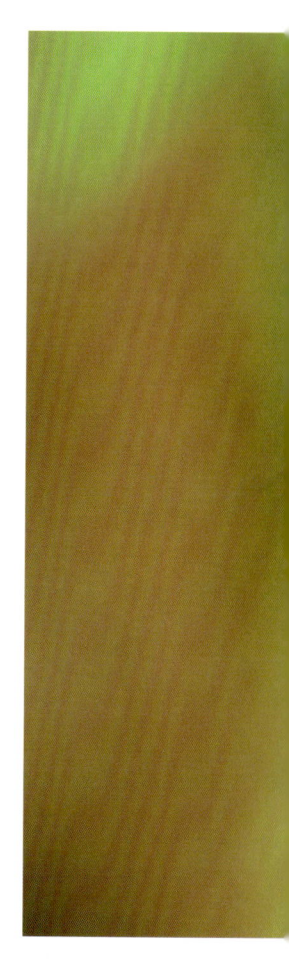

ミドリトゲオハチドリ（オス）とズアオエメラルドハチドリ（オス）

ズアオエメラルドハチドリ（オス）

チャイロハチドリ

フジイロハチドリ

フジイロハチドリ

シロエンビハチドリ（オス）

シロエンビハチドリ（オス）

フジノドシロメジリハチドリ（オス）

ニシアンデスエメラルドハチドリ（オス）

オウギハチドリ

オウギハチドリ

ヒムネハチドリ（オス）

トパーズハチドリ（オス）

074　ホウセキハチドリ（メス）

ホウセキハチドリ（オス）

スミレガシラハチドリ（メス）

スミレガシラハチドリ（オス）

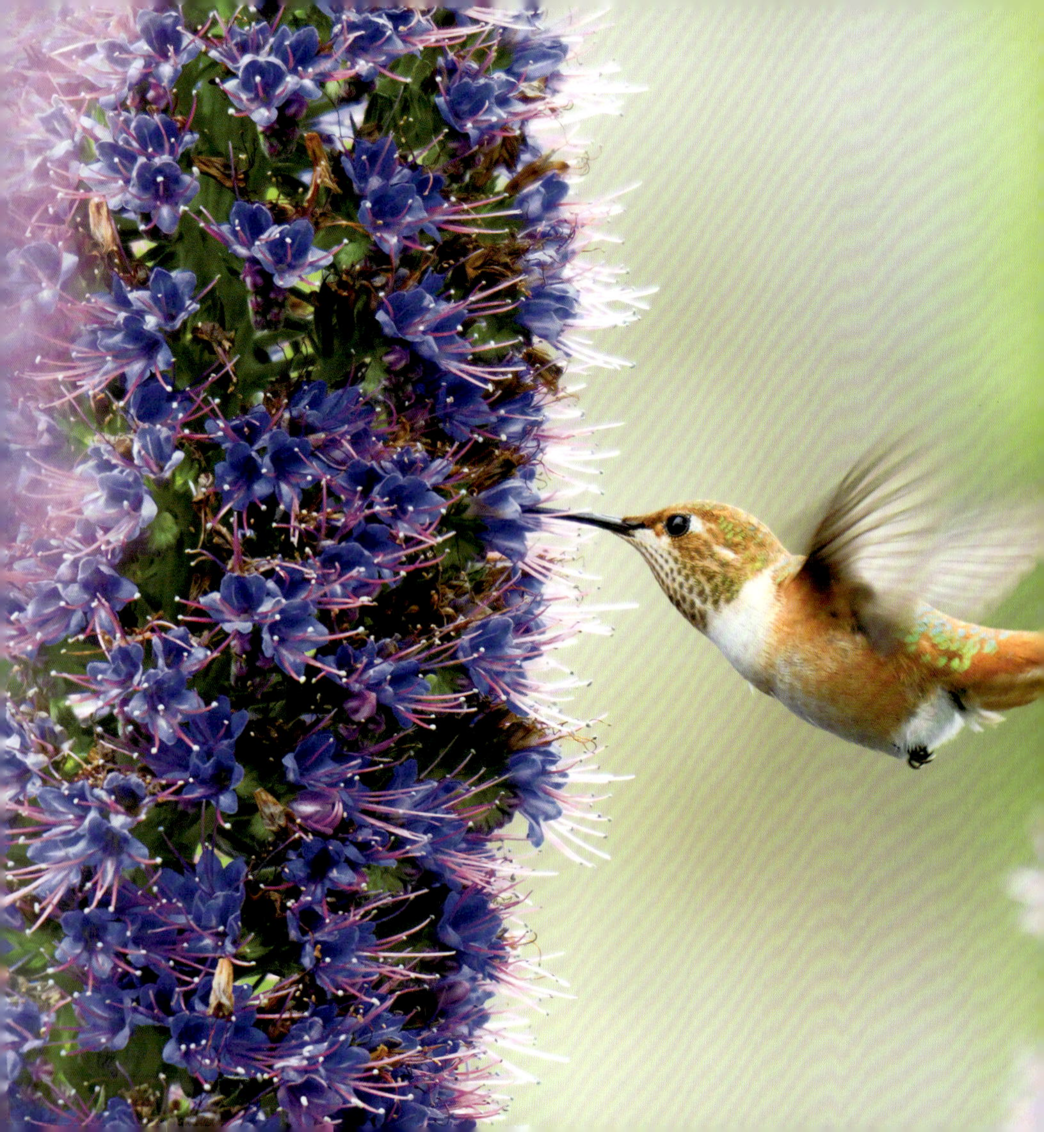

アレンハチドリ（メス）　079

ミドリボウシテリハチドリ（オス）

アカハシハチドリ（オス）

アカハシハチドリ（オス）

アンナハチドリ（オス）

084　スミレハチドリ（オス）

ノドアカハチドリ（オス）

シロエリハチドリ（オス）

シロエリハチドリ（オス）

シロエリハチドリ(メス)

シロムネエメラルドハチドリ

090　ムラサキケンバネハチドリ（オス）

ヒノドハチドリ

チャムネフチオハチドリ

左：ミドリトゲオハチドリ（メス）　右：ドウボウシハチドリ（オス）

ハイバラエメラルドハチドリ（オス）

チャムネエメラルドハチドリ

096　エクアドルヤマハチドリ（オス）

エクアドルヤマハチドリ（オス）　097

098　ワキジロヤマハチドリ（オス）

アオノドハチドリ（オス）　099

シロエリインカハチドリ(オス)

シロエリインカハチドリ（オス）　101

ルリバネハチドリ（オス）

ルリバネハチドリ（メス）

ビロードハチドリ（オス）

ノコハシハチドリ

ウロコユミハチドリ

シラヒゲユミハチドリ（メス）

バライロドユミハチドリ

ハイノドユミハチドリ

ミドリビタイヤリハチドリ

キリハシハチドリ（オス）

ニジイロコバシハチドリ（オス）

ニジイロコバシハチドリ（メス）

バラエリフトオハチドリ（オス）

ネブリナテリオハチドリ（オス）

フジノドテリオハチドリ（メス）

ドウイロテリオハチドリ（オス）

セアオコバシハチドリ(オス)

セアオコバシハチドリ（メス）

ムナジロチビハチドリ（オス）

マメハチドリ（オス）

ニジインカハチドリ（オス）

ニジインカハチドリ（オス）

ミドリワタアシハチドリ（オス）

アオハラワタアシハチドリ

クロスジオジロハチドリ（メス）

クロスジオジロハチドリ（オス）

128　キンムネワタアシハチドリ

フチオハチドリ（オス）

ムナグロワタアシハチドリ(オス)

ワタボウシハチドリ（オス） 131

132　テンニョハチドリ（オス）

ヒノデテンシハチドリ（オス）

ノドジロシロメジリハチドリ（オス）

ノドジロシロメジリハチドリ（メス）

ミミグロハチドリ

シロハラハチドリ

ツバメハチドリ

ズグロニジハチドリ（オス）　139

ロイヤルテンシハチドリ（オス）

ビロードテンシハチドリ（オス）

ニジハチドリ

ニジハチドリ（オス）

シロスジハチドリ（オス）

ウチワハチドリ

146 アカフトオハチドリ（オス）

アカフトオハチドリ（メス）

とても鳥とは思えない
ハチドリの不思議

上田恵介

ハチドリをはじめてみたときのことを今でも鮮明に思い出す。もう30年以上も前、アメリカのウィスコンシン大学で開かれた国際動物行動学会議に参加したときのことである。会議のプログラムに、毎朝、早朝バードウオッチングがあって、早起きして郊外の公園や森へ鳥を見に行った。初めての朝、大勢の外国の鳥類学者に混じって、鳥を見に行ったときのことである。道沿いの花にオオスカシバかホウジャク類によく似た蛾が来ているので、アメリカにも同じような種類の蛾がいるんだなと思っていたら、横にいた外国人が「ハミングバード」と言った。「エッ、どこ?」と聞いたら、まわりを飛び回っているホウジャクのようなのを指さして、「これだよ」と言うではないか。これが私とハチドリの初めての出会いである。私はそのときまで、アメリカの図鑑にハチドリの絵が載っているのを見て、南部の州にときどき迷鳥でやって来るのだろうくらいに思っていた。それが北米では夏鳥として、かなり北部にまで普通に分布しているというのをしらなかったのだ。

私に限らず、はじめてハチドリを見た人にとって、ハチドリはどう見ても、虫が飛んでいるようにしか見えないだろう。それはかれらがあまりにも小さい(キューバに生息するマメハチドリは世界最小の鳥で全長6cm、体重2gしかない)上に、はばたきが早

マメハチドリ

いので翼を動かしているとは思えず、しかも動きが直線的で、とても鳥の動きには見えないからである。

なぜかれらはこんな動きを進化させたのだろう。ハチドリが効率よく蜜を吸うためにはハナバチ類のように花にとまって吸蜜するのが良いのだが、せきつい動物であるハチドリは体の構造上、外骨格を持つ昆虫のように身体を軽くすることが出来ない。(相対的に)重い身体のハチドリがかよわい花びらにとまったら花びらは裂けてしまう。花にとまるわけにはいかないという制限要因が、ホウジャク類のように花の手前でホバリングしながら吸蜜できるように、ハチドリの胸筋や心肺機能を進化させたのである。ハチドリが翼をはばたかせる動きは毎秒約55回、最高で約80回の高速で、この高速はばたきを用いて、空中で静止するホバリング飛翔を行う。このホバリングが彼らをホウジャク類と見間違えさせるのである。しかもはばたきが高速なので、「ブンブン」とハチのような羽音も聞こえる。ハチドリ(蜂鳥)と名付けられた所以である。

ところで、熱帯は昼間は暑いが、アンデスの高地などでは、夜間、零度近くまで温度が下がる。身体が小さいとその分、体表面積あたり熱の放出量が多くなり、理屈の上では体重2gの鳥が、凍死せずに一晩過ごすことが出来るとはとても思えない。しかし彼らはそれを夜間休眠という方法でやってのける。夜になって気温が下がると、みずから体温を下げて代謝や心拍数を落とし、仮死状態

ヤリハシ
ハチドリ

に入ってしまうのである。朝になって、太陽が昇るとかれらは復活する。まるで、マルハナバチなどの昆虫がやっているのと同じ方法である。小さな身体で、花の蜜だけを吸って生きていくことを選択したハチドリたちは「とても鳥とは思えない」身体機能まで獲得していたのだ。

ハチドリは花の蜜を主食としている。ときには昆虫もとらえて食べるが、ほとんど花蜜が主食である。ホバリングで空中の一点に静止しながら、花の中にクチバシをさしこみ、蜜を吸うという独特の食事の取り方をする。花の蜜を吸うためにクチバシは細長く、とがっている。

ある種のハチドリは特定の植物と密接な関係をもっている。たとえばヤリハシハチドリのクチバシは、ハチドリの中でもとくに長く、全長10cmを超えることもある。ヤリハシハチドリはこの長いクチバシをうまく用いて、非常に長い花冠をもつトケイソウの一種の蜜を吸うことができる。同様な例として、下に曲がった長いクチバシをもつハチドリもいる。カマハシハチドリである。このハチドリはヘリコニア属(バショウ科)の長く、曲がった花冠の奥深くの蜜を吸うことができる。ハチドリにとって、花との1対1のペアを形成すれば、他のハチドリ類や昆虫(蜂や蛾)との食料をめぐる競争を回避することができる。その一方で、トケイソウもヘリコニアも、自分専用の花粉媒介者をもつことによって効率的な受粉ができるのである。このようにハチドリと花の双方にとっての利益があるため、1対1の特殊な共進化関係が生じたのだと考えられる。

カマハシハチドリ

ところでアマツバメとハチドリが仲間だと言うと意外に思われるかもしれない。ハチドリはアマツバメ目ハチドリ科に属している(他にアマツバメ目にはアマツバメ科に加えて、ズクヨタカ科とカンムリアマツバメ科がある)。このハチドリ科以外の3つの科の鳥は基本的に昆虫食(しかも非常に特殊化した)である。アマツバメやズクヨタカの祖先が、あるとき虫よりも蜜を好んで食すようになって(ホントかな?)、花から蜜を吸う生活様式を獲得して、自然選択により現在のような姿に進化したと考える研究者もいる。いったいどのように進化すれば、長い翼を持って、高空をすばらしい速さで飛翔しながら、空中で昆虫をとらえるアマツバメ類から、熱帯でホバリングしながら花の蜜を吸って生きるハチドリ類になれるのだろう。かれらの共通の祖先とはどんな鳥だったのだろう。

ハチドリの不思議は尽きない!

うえだ・けいすけ
立教大学 理学部生命理学科教授。主要研究テーマは鳥の行動生態学、進化生物学。監修書に『鳥(小学館の図鑑NEO)』(小学館)など多数。

149

Q1 ハチドリは世界に何種いるの?

A. 2015年のIOC World Bird Listによると、ハチドリ科には**106属349種**が記録されています。その多くは中南米の熱帯雨林地域に生息しますが、アカフトオハチドリ（P.146）のようにアラスカで繁殖する種もいますし、エクアドルヤマハチドリ（P.096）のように、南米の標高4000mを超える高山帯に生息する種もいます。ハチドリそれぞれの種の分布は決して広くなく、また多くの種はそこに周年生息しますが、ノドアカハチドリ（P.085）やノドグロハチドリ（P.045）のように、季節によって生息場所を移動する"渡り"を行う種もいます。

エクアドルヤマハチドリ

アカフトオハチドリ

ハチドリ Q & A 解説＝笠原里恵

Q2 世界で最も小さなハチドリと大きなハチドリはなに?

フキナガシハチドリ

A. ハチドリの仲間は鳥類の中でも小さくて軽い種が多く、多くの種は全長6〜12cmで体重は2.5〜6.5gほどです。そのなかでも、一番小さな種がキューバに生息する**マメハチドリ**（P.121）です。全長約5cmでその体重はなんと約2g。1円玉1枚が1gですから、2枚分の重さです。小さい体で素早く動き回って花の蜜を採食し、小さな昆虫を捕えることもあります。一番大きな種は南米の太平洋側に生息する**オオハチドリ**です。全長は約22cmで、体重は約20g。日本のスズメ（全長約14cm、体重約23g）よりも大きいなのに軽いですね。また、ジャマイカに生息する美しく長い尾羽を持った**フキナガシハチドリ**（P.014）は全長30cmにもなりますが、全長の半分かそれ以上を尾羽が占め、体重はなんと5g程度です。南米北西部のアンデス山脈に生息する**ヤリハシハチドリ**（P.044）では、やや上向きに反った約10cmのクチバシは、全長の約半分を占めます。ハチドリたちの大きさと姿は千差万別です。

150

Q3 ハチドリの羽がキラキラして見えるのはなぜ？

A. ハチドリの羽は金属色に輝いて、見る角度や光の当たり方で、まったく違う色を見せます。これは、羽自体が持つ色ではなく、**羽の微細で複雑な構造に光が干渉もしくは散乱することで様々な色に見える構造色**によるものです。同じ種でも光の当たり方で美しい赤や青、金や紫に見えたりする一方で真っ黒に見えたりもします。小さな体で素早く動くだけではなく、その色も目まぐるしく変わるのですから、野外でハチドリの種類を見分けるのはなかなか大変です（もちろん写真でも）。

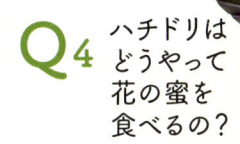

Q4 ハチドリはどうやって花の蜜を食べるの？

A. ハチドリたちはその長いクチバシの中に、さらに長い**伸縮性のある舌**をもっています。この舌はクチバシの2倍程度まで伸ばすことが可能で、その先端はブラシ状になっています。時にはその舌を1秒間に10回以上も素早く花に出し入れし、蜜をなめとっているのです。花の蜜のほか、空中で小さな昆虫を捕まえたり、クモの巣にかかった昆虫を食べたりもしています。

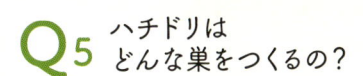

Q5 ハチドリはどんな巣をつくるの？

A. 巣の形状や巣を造る場所は種によって違いますが、多く見られるのは**小さなカップ状の巣**です。巣材は小枝やコケ、シダ、枯草、種子の綿毛やクモの糸など様々です。巣の内側は鳥の羽毛や獣毛が敷かれてやわらかな一方、外壁はコケやシダ、地衣類などで飾られ、周囲の環境に溶け込んで捕食者に見つかりにくいようになっています。ハチドリでは、ほとんどの種で1回に産む卵の数は2個といわれています。小さい種では1cm（0.4g）、大きい種でも2cm（1.4g）ほどの白い卵です。雛が孵化すると、親鳥は雛の口の中にその長いクチバシを深く差し入れて花の蜜や昆虫を吐き戻して与えます。巣立ち後も、雛はしばらくは親から餌をもらいながら過ごします。

かさはら・さとえ

博士（農学）。立教大学理学部動物生態学研究室 特別研究員。専門は河川生態学と鳥類生態学。河川生態系の機構の解明と維持回復に興味を持ち、カワセミやヤマセミ、チドリ類やオオヨシキリなど、水辺の鳥類を対象に環境選択や食物網の研究を行っている。

世界の美しいハチドリ
Index

- 掲載ページ
- 名称
- 平均的な大きさ/重さ
- 主な生息地

P.002-003 ホオカザリハチドリ
約7cm/ 2.3~2.8g
ベネズエラ東部、トリニダード島、ギアナ、ブラジル北部/標高100~1000mの林縁や農園。オスの頬の飾り羽が特徴的。

P.004 カンムリハチドリ
8.5~9cm/ 2.2~3.4g
ブラジル東部・南部、パラグアイ東部、アルゼンチン北東部/標高900mまでの森林の下層、低木林、川沿いの植生など。

P.005 ツノホウセキハチドリ
9.5~11cm/ 1.8~2.5g
スリアム南端、ブラジル東部と南東部、ボリビア東部/標高1000mまで(おもに500m以下)の河畔林や開けた草原。

P.006 ルビートパーズハチドリ
8~9cm/ 4~5g
パナマ東部から南アメリカ北部と周辺の島々、東部・中部/標高1700mまで(おもに500m以下)の草原や庭、農地。

P.007 エメラルドテリオハチドリ
9~10cm/ 3.4~3.6g
ベネズエラ北部からボリビア北部の山岳地帯/標高1500~4200mの雲霧林や開けた森林。尾羽の色は青、紫、赤、銅色など。

P.008 コガネオハチドリ
9.5~10cm/ 4.3~4.7g
ベネズエラ北部・東部からコロンビア、エクアドル、ペルー、ブラジル西端、ボリビア北部/標高1500mまでの湿潤な森林など。

P.009 ヒメハチドリ
6.9~7.4cm/ 2.3~4g
カナダ南西部、アメリカ合衆国西部、またメキシコ西部(越冬期)/標高180mの低木地帯から3400mの高木限界地帯など。

P.010 ムラサキフタオハチドリ
オス:18~21cm(尾羽10~15cm含む)、メス:約10cm/ 4.6~5.2g
コロンビアおよびエクアドルの西側/標高1000~2000mの雲霧林や低木地。

P.011 アカフタオハチドリ
オス:19~20cm(尾羽7~10cm含む)、メス:12~14cm/5.2~5.9g
ボリビア北部からチリ中東部/標高1500~4000mの疎林など。

P.012-013 アオフタオハチドリ
オス:16~19cm(尾羽12cm含む)、メス:10~12cm/4.7~5.6g
ベネズエラからボリビア中西部/標高900~3000mの林縁など。オスの尾羽の色は緑や青紫。

P.014-015 フキナガシハチドリ
オス:22~30cm(クチバシ約2.3cm、尾羽13~17cm含む)、メス:10.5cm/ 4.4~5.2g
ジャマイカ(東端地域を除く)/標高約1000mまでの林縁や人に近い環境など。

P.016-018 オナガラケットハチドリ
オス:15~17cm(尾羽11~13cm含む)、メス:9~10cm(尾羽5~7cm)/約3g
ペルー北部のわずかな地域/標高2100~2900mの林縁など。生息数は少なく、密猟に脅かされている。

P.019-021 ラケットハチドリ
オス:11~15cm(尾羽含む)、メス:7.6~9cm/ 2.6~3.2g
ベネズエラ北部からボリビアまでの山岳地域/標高600~4000m(おもに1600~2200m)の森林。肢の綿毛は橙色もある。

P.022-024 チャカザリハチドリ
6.4~7cm/約2.8g
コスタリカ西部、パナマ、コロンビア、ペルー東部、ボリビア北部/標高600~2200mの湿潤な林縁など。

P.025
トゲハシハチドリ

8~9cm / 約3.5g
ベネズエラ北部からボリビア / 標高1700~3400mの林縁や森林限界以上の草原など。ハチドリの中で特にクチバシの短い種。

P.026-028
カンムリトゲオハチドリ

オス：約11.4cm（尾羽含む）、メス：約8cm / 約2.5g
コロンビア中東部、エクアドル東部、ペルー北西部 / 標高500~1200mの森林。

P.029-031
シロハラチビハチドリ

約8.5cm / 約3.8g
コロンビア、エクアドル、ペルーからボリビア中部にかけての山岳地域 / 標高1500~2200mの湿潤な林縁や草原、農耕地

P.032-033
コスタハチドリ

7.5~8.5cm / 3.0~3.3g
アメリカ合衆国南西部、またメキシコ北西部（越冬期） / 標高1000m以下の砂漠地帯や乾燥した草原など。一部は渡りを行う。

P.034
クロツノユウジョウハチドリ

6.4~7cm / 2.6~2.8g
メキシコ南部、コスタリカ南部と東部 / 標高1000~1200mの林縁や農園など。オスは胸元に黒とクリーム色の羽毛を持つ。

P.035
アカカンムリハチドリ

6.4~6.9cm / 体重不明
ベネズエラ西部から北部にかけての細長い地域 / 標高1300mまでの林縁や乾燥した低木地帯。生態は不明な点が多い。

P.036
ミドリフタオハチドリ

14.9~26cm（尾羽の11.2~18cm含む） / 約5.1g
コロンビア北東部からペルー南東部 / 標高2600~4000mの斜面林の縁や低木のある草原など。

P.037
コミドリフタオハチドリ

オス：15~17cm（尾羽10.6~12cm含む）、メス：約12cm（尾羽約5.4cm含む） / 約3.8g
コロンビアの北東部からボリビア北部 / 標高1700~3800mの二次林や低木地など。

P.038-039
アオミミハチドリ

13~14cm / 6.7~8.5g
ベネズエラ南部、北西部からアルゼンチン北西部までの南アメリカ西部 / 標高1700~4500mの林縁や農園。なわばり意識が強い。

P.040-043
アンチルカンムリハチドリ

8~9.5cm / 3.5~4g
プエルトリコ東部、小アンティル諸島 / 標高500m以下の開けた草地や公園など。オスの冠羽の先端は青、紫、緑色など。

P.044
ヤリハシハチドリ

17~22.8cm（クチバシ9~12cm含む） / 12~15g
ベネズエラ西部からコロンビア、エクアドル、ペルー、ボリビア北東部 / 標高1700~3500m（おもに2500~3000m）の森林や林縁。

P.045-047
ノドグロハチドリ

10cm / 3.1~3.4g
カナダ南西部、アメリカ合衆国西部からメキシコ北部、また西部・中南部（越冬期） / 標高2000mまでの林や公園など。

P.048
モンツキインカハチドリ

約14cm / 6.6~7.2g
コロンビアやエクアドルの山岳地域、ペルー北端地域 / 標高2600~3600m（おもに3000m付近）の雲霧林など。翼の白斑が特徴。

P.049
シロフサニジハチドリ

12cm / 7~8.5g
ペルー中央部および中央南部のアンデス山脈 / 標高3500~4300mの常緑林。背中の紫はオスでより鮮やか。

P.050
ムナオビハチドリ

8.3~9.7cm / 3.5~5g
ブラジル中東部の限られた地域 / 標高900~2000m（おもには1000~1600m）の森林や乾燥した岩山地帯。腹側の濃紺に白い襟が美しい。

153

P.051
スミレハラハチドリ
8.1~9.2cm / 2.5~3.5g
パナマ中部、コロンビア、エクアドル西部・南西部、ペルー北西部 / 標高1800mまでの森林や林縁。メスの腹は灰白色。

P.052-053
スミレセンニョハチドリ
11.5~13cm / 5~5.7g
メキシコ南東部からエクアドル南西部 / 標高1000m（おもに500m以下）の湿潤林。花冠の基部に穴をあけて蜜をとることも。

P.054-055
アオムネマンゴーハチドリ
11~12cm / 6.8~7.2g
メキシコ東部からコスタリカ中部、コロンビア北部およびベネズエラ北部 / 標高900もしくは1200mまでの低木地、農園。

P.056
ウスミドリマンゴーハチドリ
11~12.5cm / 4~8g
ヒスパニオラ島からバージン諸島 / おもに標高800m以下の沿岸の低木林、庭園など。

P.057
ジャマイカマンゴーハチドリ
11~12cm / 8.5g
ジャマイカ / 標高800mまでの林縁、庭園や農園などの開けた環境。繁殖後には標高900~1500mの低木林などに移動する。

P.058
ミドリハチドリ
10.5~11.5cm / 4.8~5.7g
メキシコ中部から南アメリカ北部・西部 / 標高1200~3000mの草地や山岳地帯の低木林。非繁殖期には標高500~1000mへ降りる。

P.059
キューバヒメエメラルドハチドリ
9.5~11.5cm / 3~4.5g
キューバとその周辺の島々、バハマ諸島 / 標高200mまでの低地や開けた森林、農園、公園など。

P.060-061
ミドリゲオハチドリ
オス：約10cm（尾羽含む）、メス：6.6~7.5cm / 3g
コスタリカ、パナマ、コロンビア西部からエクアドル西部 / 標高1000または1400m以下の湿潤な森林。

P.061-062
ズアオエメラルドハチドリ
9~11cm / 5.3~5.6g
コロンビアの西部・中部、エクアドル北部、ペルー北部 / 標高600~1200m（おもに1000m以上）の湿潤な林縁や低木地。

P.063
チャイロハチドリ
11~12cm / 6.1~6.9g
グアテマラ、南アメリカ北部・中部、ブラジル東部 / 標高100~2000mの湿潤な林縁や樹冠、農園など。耳部分の青紫の羽が特徴。

P.064-065
フジイロハチドリ
11~12cm / 8.0~8.5g
コロンビア南西部の太平洋側およびエクアドル北西部 / 標高350~2200m（おもに1200m以上）の湿潤な森林。生態は不明な点が多い。

P.066-067
シロエンビハチドリ
8~9cm / 3.8~4.2g
コロンビア西部の太平洋側からエクアドル南西部、ペルー北東部 / 標高700~1600mの森林。胸の紫と尾羽の白斑が特徴。

P.068
フジノドシロメジリハチドリ
10~11.5cm / 4.7~6.2g
ニカラグア南端部からコスタリカ、パナマ西部 / 標高800~3000mの湿潤な森林。オスとメスは色が異なる鮮やかな外見。

P.069
ニシアンデスエメラルドハチドリ
6.5~8.5cm / 3~3.5g
コロンビア西部からエクアドルの西部および中央アンデス山脈 / 標高3050m まで(おもに1000~2600m)の農耕地や林縁など。

P.070-071
オウギハチドリ
11~12cm / 7~12g
小アンティル諸島、サバ島からセントビンセント島にかけての地域 / 標高800~1200mまでの林縁。喉と胸の紫色が美しい。

P.072
ヒムネハチドリ
オス:21〜23cm(尾羽12〜13cm含む),メス:13〜14cm/10〜14g
アマゾン川流域の熱帯雨林西部/標高500mまでの流れ近くの湿地や林縁。

P.073
トパーズハチドリ
オス:21〜23cm(尾羽12〜13cm含む),メス:13〜14cm/10〜14g
アマゾン川流域の熱帯雨林北東部/標高500mまでの流れ近くの湿地や林縁。

P.074-075
ホウセキハチドリ
11〜12cm/約6.3g
アマゾン流域の熱帯雨林西部および中部/標高150〜600mの川などがある湿潤な森林。雌雄ともに胸元の橙色の帯が特徴。

P.076-077
スミレガシラハチドリ
7.5〜8.5cm/2.7〜2.9g
ホンジュラス東部からパナマ東部、ベネズエラ北部、西部からペルー北部、ボリビア中西部まで/標高1900mまでの高木林。

P.078-079
アレンハチドリ
8〜9.5cm/2.5〜3.8g
アメリカ合衆国西部の沿岸地域、またメキシコ中南部(越冬期)/低地の開けた森林や林縁、低木地帯、公園など。

P.080
ミドリボウシテリハチドリ
10.5〜13cm/6.8〜9.4g
コスタリカ、パナマ、コロンビア北部・中部・南西部、エクアドル西部/標高300〜2000mの雲霧林など。

P.081-082
アカハシハチドリ
9〜10cm/3.2〜4.4g
アメリカ合衆国南西部からメキシコ北東部までの太平洋沿いの地域/低地から標高2000m程度の低木地帯や開けた環境など。

P.083
アンナハチドリ
10〜11cm/3.3〜5.8g
カナダ西南部からメキシコ北東部までの太平洋沿いの地域/標高約1800mまでの低木林や市街地など。分布拡大中。

P.084
スミレハチドリ
10cm/5.0g
アメリカ合衆国南西端部からメキシコ西部・中部/標高2250mまで(おもに1000〜1500m)の低木林や林縁、公園など。

P.085
ノドアカハチドリ
9cm/3.0〜3.3g
カナダ南部、アメリカ合衆国中部・東部、またメキシコ中部からパナマ西部(越冬期)/標高1900mまでの混交林など。

P.086-088
シロエリハチドリ
11〜12cm/6.5〜7.4g
メキシコ南部からアマゾン川流域の熱帯雨林一帯、トリニダード島、トバゴ島/標高約900mまでの林や農園など。

P.089
シロムネエメラルドハチドリ
8〜11cm/4.4〜5.0g
コスタリカ南西部からパナマ中部・西部、パナマ周辺の島々/標高1600mまでの低木のまばらな草原、開けた林、農園など。

P.090
ムラサキケンバネハチドリ
13〜15cm/9.5〜11.8g
メキシコ南部、ニカラグア中南部、コスタリカとパナマ西部/標高900〜2400mの湿潤な林縁、庭園および農園など。

P.091
ヒノドハチドリ
10.5〜11cm/4.9〜6.2g
コスタリカ北部・中部、パナマ西端部/標高1600〜3200mの森林や雲霧林、樹木のある草地など。雌雄同色。

P.092
チャムネフチオハチドリ
12cm/7.0〜7.7g
コロンビア南部、エクアドルおよびペルーの山岳地域/標高1200〜3000mの湿潤な森林の内部。胸と腹の栗色が特徴。

P.093
ドウボウシハチドリ

7.5cm/ 3.1~3.4g
コスタリカ北部および中部/標高700~1500mの高地の森林や林縁、農園など。コスタリカの固有種。

P.094
ハイバラエメラルドハチドリ

8~11cm/ 5.2~7g
メキシコ中東部からベネズエラ西部、コロンビア南西部、エクアドル西部/標高2500mまでの湿潤な開けた森林や農園など。

P.095
チャムネエメラルドハチドリ

9~11cm/ 4.5~5.0g
エクアドル西部・南東部、ペルー北部・西部/標高2700mまでの開けた環境、沿岸域、低木地帯、農地など。

P.096-097
エクアドルヤマハチドリ

13cm/ 7.8~8.1g
コロンビア南部からエクアドル中部の山岳地域/標高3200~5200mの草原や低木地帯。夜は冬眠状態に入って低温に耐える。

P.098
ワキジロヤマハチドリ

13~15cm/ 7.9~8.4g
ボリビア南部からアルゼンチン南部、チリの山岳地帯/標高2600~4000mの低木地帯。繁殖後に低地に移動することもある。

P.099
アオノドハチドリ

11~14cm/ 7.0~8.5g
アメリカ合衆国南西部からホンジュラス、ニカラグア、コスタリカ、パナマ西端部/標高1500~3000mのオークの林など

P.100-101
シロエリインカハチドリ

約14.5cm/ 6.6~7.3g
ベネズエラ北西部からコロンビア、エクアドル、ペルー、ボリビア中部までの山岳地域/標高1500~3000mの湿潤な森林。

P.102-103
ルリバネハチドリ

オス19~20cm、メス16~17cm/ 9.1~11.2g
コロンビア、エクアドル、ペルー、ボリビア北部/標高2600~3700m(おもに3000m)の雲霧林や低木林、草地など。

P.104
ビロードハチドリ

11.5~12cm(クチバシ3cm含む)/ 4.5~6.3g
ベネズエラ西部からペルー中部の山岳地域/標高1900~3400m(おもに2000~2800m)の湿潤な森林や低木地帯など。

P.105
ノコハシハチドリ

14~16cm/ 5.3~8.5g
ブラジル南東部/標高500mまでの湿潤な森林やその下層。森林の減少により、個体数減少が懸念されている。

P.106
ウロコユミハチドリ

約14cm/ 4~6g
パラグアイ東部、アルゼンチン北東部およびブラジル南東部/標高100~2250mの湿潤な森林、低木地。

P.107
シラヒゲユミハチドリ

約13cm/ 4~7g
コロンビア西部、エクアドル西部、パナマ南西部/標高2000m(おもに1200m)までの湿潤な森林、農園。

P.108
バライロユミハチドリ

約14cm/ 4~5.5g
ボリビア、アルゼンチン北部、パラグアイからブラジル南部/標高400~2100mの乾燥した森林や林縁など。

P.109
ハイノドユミハチドリ

8~10cm/ 2~3g
アマゾン川流域の熱帯雨林北部および東部、ペルー北東部/標高600~2000mの雲霧林など。生態は不明な点が多い。

P.110
ミドリビタイヤリハチドリ

11~13cm/ 5.5~6.4g
コスタリカからベネズエラ西部、ボリビア北西部/標高750~2600m(おもに2300mまで)の雲霧林。クチバシはやや上向きに反る。

P.111
キリハシハチドリ
8.6~9.3cm/ 3.5~4.1g
ベネズエラ北部からボリビア中部/ 標高900~2500mの雲霧林、背の高い密な草地など。襟のような胸の白い羽が特徴。

P.112-113
ニジイロコバシハチドリ
10~12cm/ 5.5~6.4g
コロンビアからペルー北部の山岳地域/ 標高2700~4000mの岩の斜面や低木地。花の蜜のほか、葉の裏や空中の昆虫も捕える。

P.114
バラエリフトオハチドリ
7.5~8cm/ 2.5~2.8g
コスタリカ中部の火山および南部、パナマ西端部/ 標高1800~3500m/オスの喉の色は、藤紫、赤紫、灰紫や灰緑がある。

P.115
ネブリナテリオハチドリ
10~11cm/ 4.8~5.2g
エクアドル南部とペルー北部のごく限られた地域/ 標高2600~3350mの湿潤な低木地や草地。

P.116
フジノドテリオハチドリ
10~11cm/ 4.2~4.5g
エクアドル中南部のごく限られた地域/ 標高3150~3700mの湿潤な低木林の緑や草地。生息地の破壊により絶滅の危機にある。

P.117
ドウイロテリオハチドリ
11cm/ 4.8~5.0g
ペルー北部および北東部のごく限られた地域/ 標高2900~3800mの湿潤な低木地や草地。

P.118-119
セアオコバシハチドリ
12~13cm/ 4.5~6.2g
エクアドルからボリビア中西部/ 標高2200~4200mの草地や岩場、低木地。跳ねながら歩き、地上の昆虫を取ることもある。

P.120
ムナジロチビハチドリ
6~7cm/ 体重不明
エクアドル西部のアンデス山脈太平洋側/ 標高500mまでの湿潤な森林。深刻な生息地の破壊により絶滅の危機にある。

P.121
マメハチドリ
5~6cm/ 1.6~1.9g
キューバ/ 森林や沼地、低木林や庭など。最小のハチドリ。生息地の減少により個体数の減少が懸念されている。

P.122-123
ニジインカハチドリ
12.5~15cm/ 8.1~8.8g
エクアドル南部・南西部、ペルー北部・北西部の限られた地域/1700~3300mの雲霧林の林縁、川沿いの低木林など。

P.124
ミドリワタアシハチドリ
8~9cm/ 4.0~4.5g
コロンビアからペルー中部の山岳地帯/ 標高2300~2800mの雲霧林などの湿潤な森林。ふかふかの白い肢の綿毛が特徴。

P.125
アオハラワタアシハチドリ
12.5~14cm/ 5.4~6.4g
コロンビア南部からエクアドル西部の山岳地帯/ 標高2800~4800mの湿潤な低木林や草地など開けた環境。雌雄同色。

P.126-127
クロスジオジロハチドリ
9~10.5cm/ 4.1~4.7g
メキシコ東部・南東部、ニカラグア中部、コスタリカ、パナマ西部/ 標高800~2500mの高地にある湿潤な森林や林縁。

P.128
キンムネワタアシハチドリ
12~13cm/ 5.2~5.8g
コロンビアのアンデス山脈から、エクアドル北部/ 標高1200~3600m（おもに2900~3300m）の低木地帯や林縁。雌雄同色。

P.129
フチオハチドリ
11~12cm/ 8.0~8.6g
ベネズエラ北西部とコロンビア、エクアドルの山岳地域/ 標高2000~3500mの雲霧林や湿潤な低木地帯。

P.130
ムナグロワタアシハチドリ
8~9cm / 4.3~4.6g
エクアドル北西部の非常に限られた地域 / 標高2400~4600mの低木地帯。生息数が非常に少なく、絶滅の危機にある。

P.131
ワタボウシハチドリ
6~6.5cm / 約2.5g
ホンジュラス南部、ニカラグア、コスタリカ、パナマ / 標高300~1650mの湿潤な森林や林縁。メスは背が緑で腹は白。

P.132
テンニョハチドリ
14~17cm(尾羽6.5~8.5cm) / 約9g
ペルー中西部・中南部のアンデス山脈 / 標高2500~3800mの低木地帯や明るい林。採食時、尾羽をせわしなく開閉する。

P.133
ヒノドテンシハチドリ
10~11cm / 3.6~4.1g
エクアドル南部およびペルー北西部 / 標高1500~3400mの湿潤な森林など。オスは喉の黄や橙色が特徴。生態は不明な点が多い。

P.134-135
ノドジロシロメジリハチドリ
10~11.5cm / 4.7~6.2g
コスタリカ南部、パナマ西部の限られた地域 / 標高1850~3000mのオークの森林など。メスの喉と腹は鮮やかなシナモン色。

P.136
ミミグロハチドリ
8.5~9cm / 4.2~4.9g
ベネズエラからアルゼンチン北西部 / 標高1000~2500m（おもに2000m付近）の湿潤な森林や河川沿いの林縁。雌雄同色。

P.137
シロハラハチドリ
12~13cm / 5.6~6.8g
ボリビア、アルゼンチン北部、ブラジル東部・南東部、パラグアイ東部 / 標高3600mまで（おもに1000~1500m）の草地や低木林。

P.138
ツバメハチドリ
15~17cm（クチバシ2.1cm、尾羽7~9cm含む）/ 6~9g
ペルー東部、ボリビア北西部、ギアナ、ブラジル北東部・南東部、パラグアイ / 標高1500mまでの低木のある草原、農園など。

P.139
ズグロニジハチドリ
13cm / 7~8.5g
ボリビアのコーディレラ・リアル山地 / 標高3000~3500m（まれに1800m）の森林限界付近の湿潤な低木地帯。

P.140
ロイヤルテンシハチドリ
11~12cm / 3.5~4.5g
ペルー北部のごく限られた地域 / 標高1350~2200m（おもに1500m以上）の低木地。生息地の破壊により、絶滅の危機にある。

P.141
ビロードテンシハチドリ
10~11cm / 5.3g
コロンビア南部およびエクアドル北西部の限られた地域 / 標高1200~2800mの湿潤な密林や低木地帯。生態は不明な点が多い。

P.142-143
ニジハチドリ
12~13cm / 6.9~8.1g
コロンビアからペルーの山岳地帯 / 標高2500~4300mの低木の疎らな草地や雲霧林。オスの背中は藤色や緑色がより鮮やか。

P.144
シロスジハチドリ
11.2~12cm / 5~6.5g
ブラジル東部 / 標高800mまでの森林や草原。在来・外来の様々な花から蜜をとり、空中で昆虫を捕まえて食べることも。

P.145
ウチワハチドリ
11~12.5cm / 5~8g
プエルトリコ東部と小アンティル諸島 / 標高500mまでの草地、農園など。花の蜜のほか、小さなクモを巣からとることも。

P.146-147
アカフトオハチドリ
約8.5cm / 2.9~3.9g
アラスカ南東部、カナダ南部、アメリカ合衆国北西部、またメキシコ北部・東部（越冬期）/ 二次林や低木林など。

158

CREDIT

P.1 ⓒ Minden Pictures/amanaimages　P.1 ⓒ Minden Pictures/amanaimages　P.2 ⓒ Minden Pictures/amanaimages　P.3 ⓒ Minden Pictures/amanaimages
P.4 ⓒ GettyImages　P.5 ⓒ ZAPA NATURE PHOTOGRAPHY　P.6 ⓒ Photoshot/amanaimages　P.7 ⓒ Anthony Mercieca/Science Source /amanaimages
P.8 ⓒ Minden Pictures/amanaimages　P.9 ⓒ Minden Pictures/amanaimages　P.10 ⓒ Minden Pictures/amanaimages　P.11 ⓒ Minden Pictures/amanaimages
P.12 ⓒ Minden Pictures/amanaimages　P.13 ⓒ Minden Pictures/amanaimages　P.14 ⓒ Rolf Nussbaumer/ アフロ　P.15 ⓒ GettyImages
P.16-17 ⓒ Minden Pictures/amanaimages　P.18 ⓒ Minden Pictures/amanaimages　P.19 ⓒ Glenn Bartley/All Canada Photos/Corbis /amanaimages
P.20 ⓒ Joe McDonald /Corbis /amanaimages　P.21 ⓒ Joe McDonald /Corbis /amanaimages　P.22 ⓒ Minden Pictures/amanaimages
P.23 ⓒ David Tipling/Nature Production /amanaimages　P.24 ⓒ Minden Pictures/amanaimages　P.25 ⓒ Minden Pictures/amanaimages
P.26 ⓒ Minden Pictures/amanaimages　P.27 ⓒ Minden Pictures/amanaimages　P.28 ⓒ Minden Pictures/amanaimages　P.29 ⓒ Minden Pictures/amanaimages
P.30 ⓒ Christian Heeb/ アフロ　P.31 ⓒ Minden Pictures/amanaimages　P.32 ⓒ kojihirano / PIXTA　P.33 ⓒ kojihirano / PIXTA[ピクスタ]
P.34 ⓒ Minden Pictures/amanaimages　P.35 ⓒ Minden Pictures/amanaimages　P.36 ⓒ Minden Pictures/amanaimages　P.37 ⓒ Minden Pictures/amanaimages
P.38 ⓒ Erwin Zueger/ アフロ　P.39 ⓒ Erwin Zueger/ アフロ　P.40 ⓒ michaklootwijk / PIXTA[ピクスタ]　P.41 ⓒ michaklootwijk / PIXTA[ピクスタ]
P.42 ⓒ Minden Pictures/amanaimages　P.43 ⓒ FLPA/ アフロ　P.44 ⓒ FLPA/Kevin Elsby /Corbis /amanaimages　P.45 ⓒ Sumiko / PIXTA[ピクスタ]
P.46-47 ⓒ Ernest Gajczak/National Geographic Society/Corbis /amanaimages　P.48 ⓒ Minden Pictures/amanaimages
P.49 ⓒ Glenn Bartley/All Canada Photos/Corbis /amanaimages　P.50 ⓒ Glenn Bartley/All Canada Photos /Corbis /amanaimages　P.51 ⓒ GettyImages
P.52 ⓒ Minden Pictures/amanaimages　P.53 ⓒ Minden Pictures/amanaimages　P.54 ⓒ Photoshot/amanaimages　P.55 ⓒ Minden Pictures/amanaimages
P.56 ⓒ Minden Pictures/amanaimages　P.57 ⓒ Minden Pictures/amanaimages　P.58 ⓒ Mark Caunt/shutterstock　P.59 ⓒ Minden Pictures/amanaimages
P.60 ⓒ Minden Pictures/amanaimages　P.61 ⓒ Minden Pictures/amanaimages　P.62 ⓒ GettyImages　P.63 ⓒ Minden Pictures/amanaimages
P.64 ⓒ Glenn Bartley/All Canada Photos/Corbis /amanaimages　P.65 ⓒ Dan Suzio/Science Source /amanaimages　P.66 ⓒ Minden Pictures/amanaimages
P.67 ⓒ Dan Suzio/Science Source /amanaimages　P.68 ⓒ Elliotte Rusty Harold / Shutterstock　P.69 ⓒ Erwin Zueger/ アフロ
P.70 ⓒ Frans Lemmens /Corbis /amanaimages　P.71 ⓒ FLPA/ アフロ　P.72 ⓒ Murray Cooper / NaturePL/amanaimages　P.73 ⓒ Minden Pictures/amanaimages
P.74 ⓒ Minden Pictures/amanaimages　P.75 ⓒ GettyImages　P.76 ⓒ Anthony Mercieca/Science Source /amanaimages　P.77 ⓒ GettyImages
P.78-79 ⓒ Sumiko / PIXTA[ピクスタ]　P.80 ⓒ Minden Pictures/Nature Production /amanaimages　P.81 ⓒ Anthony Mercieca/Science Source /amanaimages
P.82 ⓒアフロ　P.83 ⓒ FLPA/ アフロ　P.84 ⓒ GettyImages　P.85 ⓒアフロ　P.86 ⓒ B.G. Thomson/Science Source /amanaimages　P.87 ⓒ Minden Pictures/amanaimages
P.88 ⓒ Nature in Stock/ アフロ　P.89 ⓒアフロ　P.90 ⓒ SIME/ アフロ　P.91 ⓒ Minden Pictures /amanaimages　P.92 ⓒ Minden Pictures/amanaimages
P.93 ⓒ Minden Pictures /amanaimages　P.94 ⓒ goofyfoottaka / PIXTA[ピクスタ]　P.95 ⓒ feathercollector / PIXTA[ピクスタ]　P.96 ⓒ Minden Pictures/amanaimages
P.97 ⓒ Minden Pictures/amanaimages　P.98 ⓒ Minden Pictures/amanaimages　P.99 ⓒ Minden Pictures/amanaimages　P.100 ⓒ Steve Allen / PIXTA[ピクスタ]
P.101 ⓒ Christian Heeb/ アフロ　P.102 ⓒ Dan Suzio/Science Source /amanaimages　P.103 ⓒ GettyImages　P.104 ⓒ Anthony Mercieca/Science Source /amanaimages
P.105 ⓒ Minden Pictures/amanaimages　P.106 ⓒ Luiz Claudio Marigo / NaturePL/amanaimages　P.107 ⓒ Minden Pictures/amanaimages
P.108 ⓒ Frans Lanting/Frans Lanting Stock /amanaimages　P.109 ⓒ Glenn Bartley/All Canada Photos/Corbis /amanaimages　P.110 ⓒ Minden Pictures/amanaimages
P.111 ⓒ Minden Pictures/amanaimages　P.112 ⓒ Minden Pictures/amanaimages　P.113 ⓒ Minden Pictures/amanaimages　P.114 ⓒ GettyImages
P.115 ⓒ Minden Pictures/amanaimages　P.116 ⓒ Minden Pictures/amanaimages　P.117 ⓒ GettyImages　P.118 ⓒ GettyImages　P.119 ⓒ Minden Pictures/amanaimages
P.120 ⓒ Minden Pictures/amanaimages　P.121 ⓒ FLPA/ アフロ　P.122 ⓒ Minden Pictures/amanaimages　P.123 ⓒ Minden Pictures/amanaimages
P.124 ⓒ Glenn Bartley/All Canada Photos/Corbis /amanaimages　P.125 ⓒ Minden Pictures/amanaimages　P.126 ⓒ Ondrej Prosicky /shutterstock
P.127 ⓒ Minden Pictures/amanaimages　P.128 ⓒ Minden Pictures/amanaimages　P.129 ⓒ Glenn Bartley/All Canada Photos /Corbis /amanaimages
P.130 ⓒ Minden Pictures/amanaimages　P.131 ⓒスフィア / PIXTA[ピクスタ]　P.132 ⓒ Minden Pictures/amanaimages　P.133 ⓒ Minden Pictures/amanaimages
P.134 ⓒ worldswildlifewonders /shutterstock　P.135 ⓒ Tim Fitzharris/Minden Pictures /amanaimages　P.136 ⓒ Anthony Mercieca/Science Source /amanaimages
P.137 ⓒ Glenn Bartley/All Canada Photos /Corbis /amanaimages　P.138 ⓒ Photoshot/amanaimages　P.139 ⓒ Minden Pictures/amanaimages　P.140 ⓒ GettyImages
P.141 ⓒ GettyImages　P.142 ⓒ Minden Pictures/amanaimages　P.143 ⓒ Minden Pictures/amanaimages　P.144 ⓒ Luiz Claudio Marigo / NaturePL/amanaimages
P.149 ⓒ Minden Pictures/amanaimages　P.151 ⓒ harada sumio/Nature Production /amanaimages　P.151 ⓒ imamori mitsuhiko/Nature Production /amanaimages

世界の美しいハチドリ

2015年10月10日　初版第1刷発行

監修	上田恵介（立教大学教授） 笠原里恵
写真	株式会社アマナイメージズ 株式会社アフロ ゲッティーイメージズジャパン株式会社
デザイン	松村大輔 (PIE Graphics) 公平恵美 (PIE Graphics)
編集	関田理恵
発行人	三芳寛要
発行元	株式会社 パイ インターナショナル 〒170-0005　東京都豊島区南大塚2-32-4 TEL 03-3944-3981　FAX 03-5395-4830 sales@pie.co.jp
編集・制作	PIE BOOKS
印刷・製本	株式会社アイワード

© 2015 PIE International

ISBN978-4-7562-4729-2　C0072
Printed in Japan

本書の収録内容の無断転載・複写・複製等を禁じます。
ご注文、乱丁・落丁本の交換等に関するお問い合わせは、小社までご連絡ください。
本書に掲載されている情報は、主に2015年9月までに集められた情報に基づいて編集しておりますので、出版までに変更されている場合がございます。
また、掲載されている情報につきましては諸説ある場合がございますので、あらかじめご了承ください。